米莱知识宇宙

启航吧
知识号

数学思维
有诀窍

米莱童书 著/绘

北京理工大学出版社
BEIJING INSTITUTE OF TECHNOLOGY PRESS

推荐序

　　作为"人类智慧皇冠上最灿烂的明珠"，数学是一门非常重要的学科。从远古时期的结绳记数、累加计算到现在的大数据和云计算，从稳定的勾股定理、和谐的黄金比例到奇特的分形，从维持基本生存、逐步开发地球到探索广袤宇宙，数学出现在人类认识和改造世界的方方面面，与生活息息相关，并与前沿科学和高新科技不断携手向前。数学是每一位小朋友从背上书包进入学校起就会接触的科目，会伴随他们的整个童年和少年时光。

　　"良好的开始是成功的一半"，在刚刚接触数学时，建立起对基础概念的科学认识，培养起数学学习的兴趣，是非常关键的一环。《启航吧，知识号：数学思维有诀窍》就是一本意趣盎然的数学学科漫画图书，聚焦于核心数学主题，从对日常生活的观察和感知入手，强化对基础概念的认知和理解，一点点地引导小读者把握数学思维的规律和方法，克服数学入门阶段的学习难点，从而为整个数学学习的历程打下坚实的基础。这本书采用了漫画的讲述形式，每个数学主题的拟人化角色都鲜活生动，选取的例子贴近孩子的生活，还融入了丰富的数学文化与前沿应用，读起来很有意思。

　　数学来自生活，我们的数学教育也不应该脱离生活。当孩子发现：花朵会盛开 3 瓣、5 瓣或 8 瓣是有数学规律的；蜜蜂会给自己搭建正六边形的房子是有数学原因的；在自己跟父母讨价还价中其实会动用数学的思维；运用数学的方法不仅可以计算，还可以解释、分析和预测自然、社会，甚至心理上的各种现象……他们就不会再觉得数学冰冷、枯燥了，他们会爱上这门迷人的学科。

　　愿孩子们能在这本书中感受到数学之美，爱学数学，学好数学。

中国科学院院士、数学家、计算数学专家

郭柏灵

几何图形

图形的世界 …………………………………… 06

给图形拍拍照 ………………………………… 10

多样的平面图形 ……………………………… 12

横看成岭侧成峰 ……………………………… 16

奇妙的对称 …………………………………… 20

有趣的旋转 …………………………………… 24

高效的平移 …………………………………… 28

透视立体图形 ………………………………… 32

多样的立体图形 ……………………………… 34

挑战立体搭建 ………………………………… 39

图形：认识世界的一扇窗 …………………… 44

乘号与除号登场 ……………………………… 50

乘除运算的办法 ……………………………… 54

数与形的相遇 ………………………………… 60

运算的用武之地 ……………………………… 62

不断"变身"的运算 ………………………… 66

运算可以走多远 ……………………………… 70

答案页 ………………………………………… 74

小数点 ………………………………… 75

分数线、百分号 ……………………… 76

概率与统计

在不确定性中寻找规律 ……………… 78

神奇的"数据浓缩术" ………………… 83

平均数家族 …………………………… 88

让数据图像化：条形统计图 ………… 90

让数据图像化：扇形统计图 ………… 95

让数据图像化：折线统计图 ………… 98

听数据来讲故事 ……………………103

小心"数据陷阱" ……………………107

心系家国的统计 ……………………110

样本与总体 …………………………113

进入大数据时代 ……………………115

答案页 ………………………………120

奇妙的推理

消失的"水晶鞋" ……………………122

一封来自神秘人的信 ………………139

01

几何图形

工厂里，滚烫的铁水倒入模具，冷却后形成了一根根铁丝。

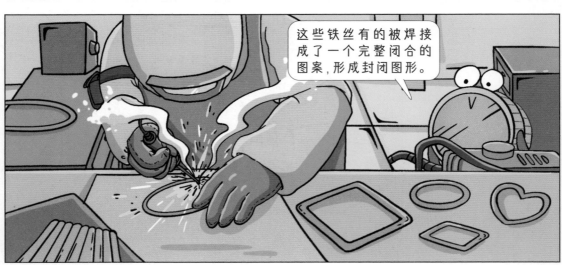

这些铁丝有的被焊接成了一个完整闭合的图案，形成封闭图形。

有些则留有缺口，可以与外界接通，形成开放图形。

餐桌上，面粉经过厨师的精心制作，变成了一份份美丽又美味的食物。

这些食物占据着一定的空间，是立体的，吃下去之后可以填饱肚子。

人们不断地用自己的力量改变着地球的模样，制作出各种样子的物品，而我们所感知到的这一切，都属于……

给图形拍拍照

多样的平面图形

这些形状看着都不一样……

这些都是一些常见的平面图形。

你的这个是三角形，三角形有三个尖尖的角。

1、2、3，它也有三条直直的边。

由三条线段围成的封闭图形是三角形。

等边三角形

锐角三角形

直角三角形

钝角三角形

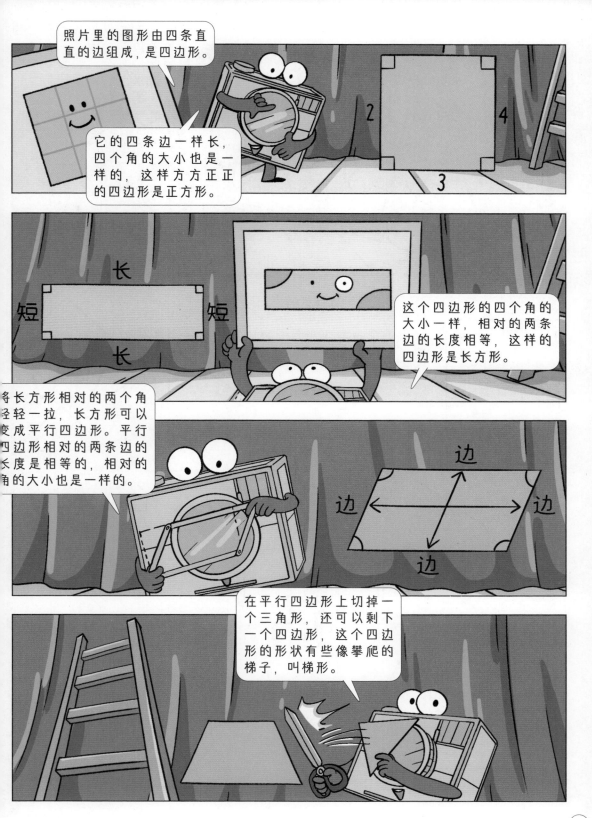

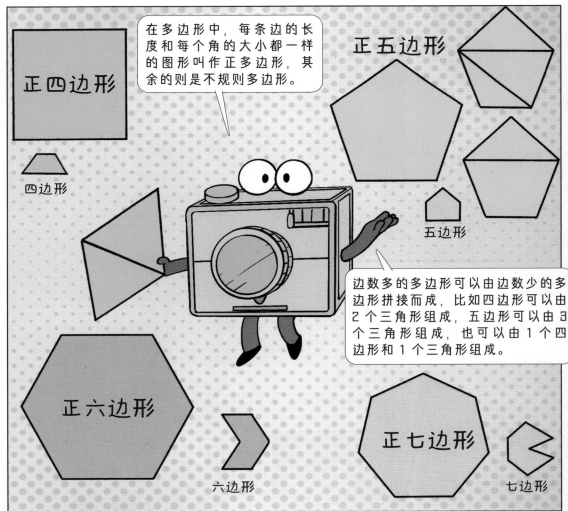

横看成岭侧成峰

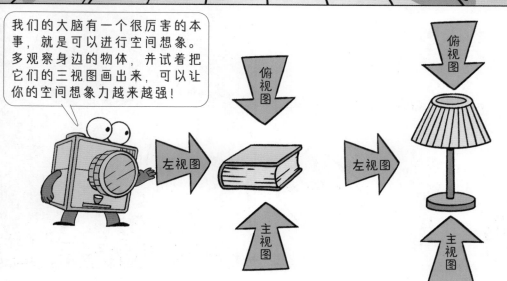

奇妙的对称

现在，我被邀请到制造厂来拍照了，这里是风筝车间。

风筝车间

制作风筝要从搭建支架开始，先把横竖两根竹条固定起来。

接着把风筝面粘到支撑的竹条上。

做好了！出来试一试！

如果沿着中间竖条的位置对折，图形两边的部分可以完全重合，这个图形就是对称的！

我做的这个不能重合，是不对称的。不对称的构造会不平衡，难怪飞不起来……是我太粗心了。

对于对称的图形，也不是随便折叠就能让两边重合，需要我们找到——对称轴！对称轴具有这样的特点：在对称轴的一边任选一个点，穿过对称轴，总可以在对面找到一个对应的点，沿着对称轴折叠，这两个点能够重合。

有的图形没有对称轴，有的图形有一条对称轴，还有的图形，有不止一条对称轴……

这个菱形图案有一条横的对称轴。还有一条竖的对称轴。

这个正方形图案有一条横的对称轴，一条竖的对称轴，还有两条斜的对称轴。

这个圆形图案有 1 条、2 条、3 条、4 条……

无数条对称轴！

看一看，这里面哪个图形是对称的？请你找出对称图形的所有对称轴。

风车做好了，快来拍照啦！

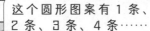

23

有趣的旋转

大风车吱呀吱哟哟地转，这里的风景呀真好看……

咔

好看又好玩的风车是怎么做出来的呢？我得去看看……

这是风车的支架，接下来一片片扇叶会被安装上来。

现在有了第一片扇叶。

转动一下，再来安装第二片扇叶。

线条在空间上延伸，形成的是长度。

线条绕着一个点转动，形成的就是角度。

我们将扇叶沿着中心点转动，转动的多少是角度。

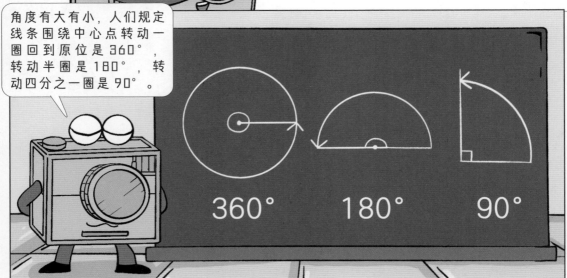

角度有大有小，人们规定线条围绕中心点转动一圈回到原位是360°，转动半圈是180°，转动四分之一圈是90°。

360°　180°　90°

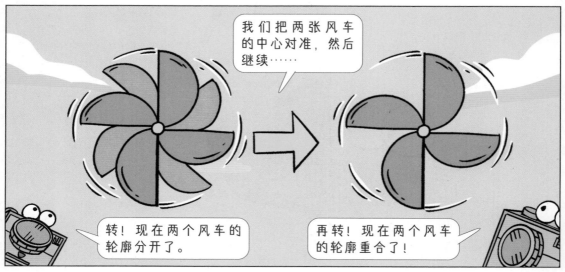

高效的平移

接下来图案部分会被裁下来制成一个个书签。

做好了!

把这些图案靠近一点。它们好像能……无缝衔接!这样没有缝隙地将图形排列起来是密铺,也叫作平面镶嵌。

行动起来!

这样我们就可以直接在更大的纸张上印刷很多个图案,就不用裁剪掉边角部分产生浪费了。

透视立体图形

33

看起来大家都"棱角分明"啊!

我的各个面都是三角形,我的名字叫三棱锥。
我的头看起来是尖尖的,锥就是尖的意思,名字中的三棱指的是头顶周围的三条棱。实际上,我有4个面、6条棱和4个顶点。

三棱锥形状的东西并不多,好吃的粽子是三棱锥形的,还有一些饰品会设计成三棱锥形。

我由一个圆形平面和一个曲面构成，我的名字叫圆锥体。

沙堆、漏斗、铅笔头、冰激凌蛋筒……都是圆锥体。

我是圆锥的朋友，我由两个相同的圆面和中间的一个曲面构成，我叫圆柱。我常常被用作建筑的立柱结构。

此外，水杯、水桶，还有卫生纸卷……都是圆柱体。

这几个立体图形都逐渐变"圆滑"了。

我是圆锥和圆柱的朋友，我由一个曲面构成，我没有棱，也没有顶点，无论在哪个方向看，都能得到一个圆，我叫球体。

地球仪、足球、玻璃球，这些事物虽然大小不一，但都是球体，很多水果也都是圆圆的球体。

利用不同立体图形的特点，人们设计了各种各样形状的物体来满足生活的需要。

球体、圆柱的曲面可以翻滚、转动。
街道上，圆柱形的车轮或快或慢地转动着，前进的车轮将人们带向远方的目的地。

正方体和长方体的每个面都是平的，可以依次地堆砌。
仓库里，长方体箱子按照一定的规律层层叠叠地堆起来，即使堆得很高，依然很稳定。

许多建筑都是由一块块砖石搭建起来的，比如雄伟的万里长城！

挑战立体搭建

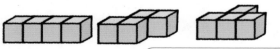

多个正方体相互堆起来之后，有些正方体可能会被遮盖住，就不容易看到了。

不过我的透视光可以看见！

看不见并不代表不存在，如果这里变成空的，那这个正方体就没法待在上面了。

你干吗！

我们来观察一下。一层的图形排列总是可以一目了然。

但碰到多层排列的时候就要小心了。这时候得从上往下一层一层来看。

图形：认识世界的一扇窗

说到透视，不光我有这个能力，许多建筑设计师和画家都有。

在修建大楼时，设计师需要绘制图纸，其中就包含着复杂的透视和结构，正因为有了这些精妙准确的设计，建筑才能既精美又牢固。

在创作画面时，画家需要清楚空间中的透视关系，才能让画作看着就像照片一样自然逼真。

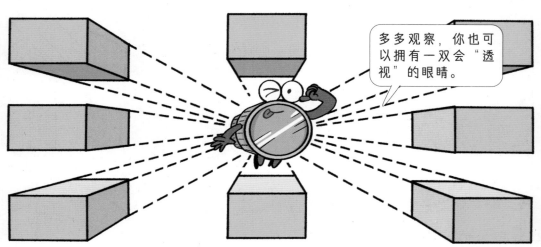

多多观察，你也可以拥有一双会"透视"的眼睛。

对于图形的感知是人们与生俱来的能力，人们喜欢富有规律和美感的图形，并通过边、角、面之间的关系来深入研究它们。

图形在研究中又被称作几何，古希腊的著名哲学家柏拉图相信几何学中蕴藏着现实世界的神圣真理，要求他的学生必须学习几何。

他的学生，著名数学家欧几里得写了《几何原本》一书，推导证明了几何图形间的各种关系，是一部极为伟大的数学著作。

几何原本

在几何图形中，不仅有边、角、面之间的关系，还有长度、角度等数值，这就离不开测量和计算了。

对于多边形，每条边的长度叫作边长，外围一周的长度叫作周长。
多边形所围成的区域大小，是它的面积。

面 积

周长

不过周长和面积该怎么计算呢？这就得请教负责运算的朋友们了！

乘号与除号登场

身为运算符号，我要不忘初心，不断攀登，帮助人们解决复杂的计算问题。

我要继续……什么东西可以飞这么高？

原来你在这里呀。

你……怎么看起来跟我这么像？

我是乘号，我是在你之后出现的。

17世纪，英国数学家奥特雷德提出可以把加号转动一下，变成类似字母"X"的符号，来作为乘号。

乘号之所以要在加号的基础上变身，是因为乘法与加法之间具有密不可分的关系。

用加法来算是 3 加 3 加 3 加⋯⋯，等于⋯⋯

这里有一袋苹果。

$3+3+3+3+3+3$

$3 \times 6 = 18$

6 个 3 连加等于 18，用乘法来算就是 3 乘 6，等于 18。

可以按每行 3 个，把它们排成 6 行。

我们把每盘的 3 个苹果看作一个整体（1 份）。当你有 2 份苹果时，你就有 3x2=6 个苹果。我们还可以用倍来表示这几个数之间的数量关系，比如 6 是 3 的 2 倍。

3X2=6   3X3=9   3X6=18

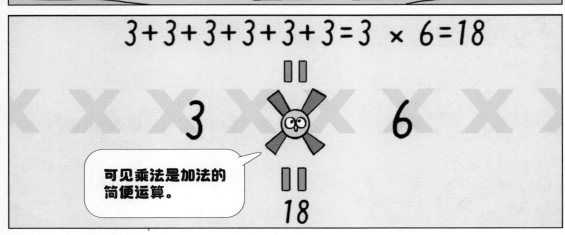

$3+3+3+3+3+3=3 \times 6 = 18$

3

6

18

可见乘法是加法的简便运算。

51

乘除运算的办法

乘号和除号已就位，可我们该怎么计算乘法与除法呢？

对现实世界的观察总是可以带给人们一些不错的灵感……

土地的大小会决定庄稼收入的多少，因此人们很早就对土地面积的计算有着深入的研究，而这跟乘法运算也有关系。

我们让每个方块来代表数量 1，这里有 12 个方块……

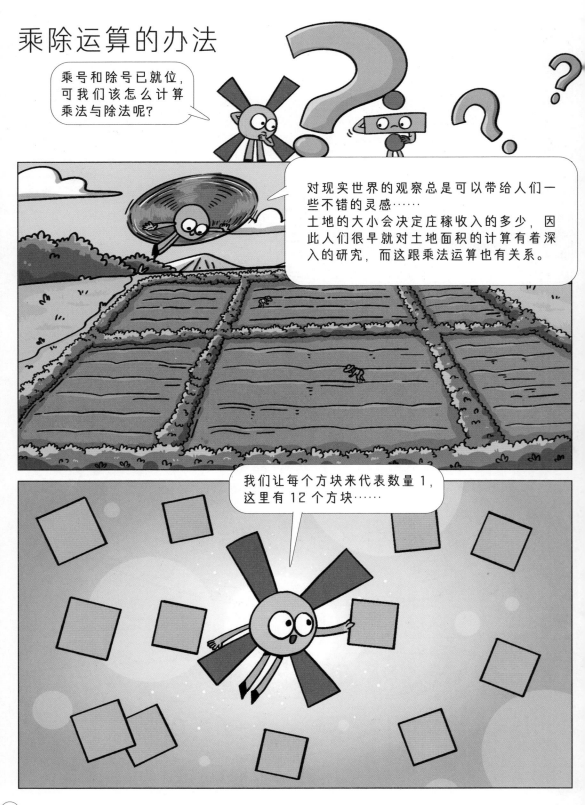

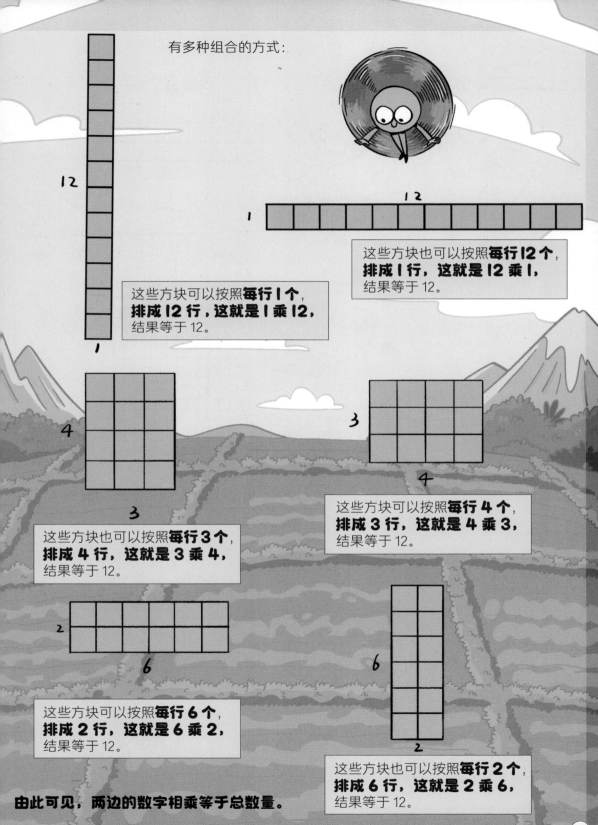

有多种组合的方式：

12

1

12

1

这些方块可以按照**每行1个**，**排成12行**，这就是**1乘12**，结果等于12。

这些方块也可以按照**每行12个**，**排成1行**，这就是**12乘1**，结果等于12。

4

3

3

4

这些方块也可以按照**每行3个**，**排成4行**，这就是**3乘4**，结果等于12。

这些方块可以按照**每行4个**，**排成3行**，这就是**4乘3**，结果等于12。

2

6

6

2

这些方块可以按照**每行6个**，**排成2行**，这就是**6乘2**，结果等于12。

这些方块也可以按照**每行2个**，**排成6行**，这就是**2乘6**，结果等于12。

由此可见，两边的数字相乘等于总数量。

数一数每条边上方块的数目，可以得到两个算式分别是15乘10和15乘2。

相较于总的算式，分解开的这两个乘法算式更加简单……
把它们算出来之后，再依次相加，就可以得到最终的结果啦！

一个数乘几个数的和与这个数分别乘这几个数，再把乘积相加所得的结果是一样的，这叫作分配律。

我们也可以用列竖式的方法来计算。

在计算时，第二行每个数位的数字要分别跟第一行的数字相乘，得到的乘积对应相应的数位来放，然后将各个乘积相加。

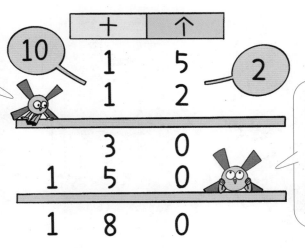

在竖式中，我们将第二行的数字12分为2和10，正是我们刚刚用图形分出来的数字！在图形和竖式背后，藏着一个相同的思路——拆分！

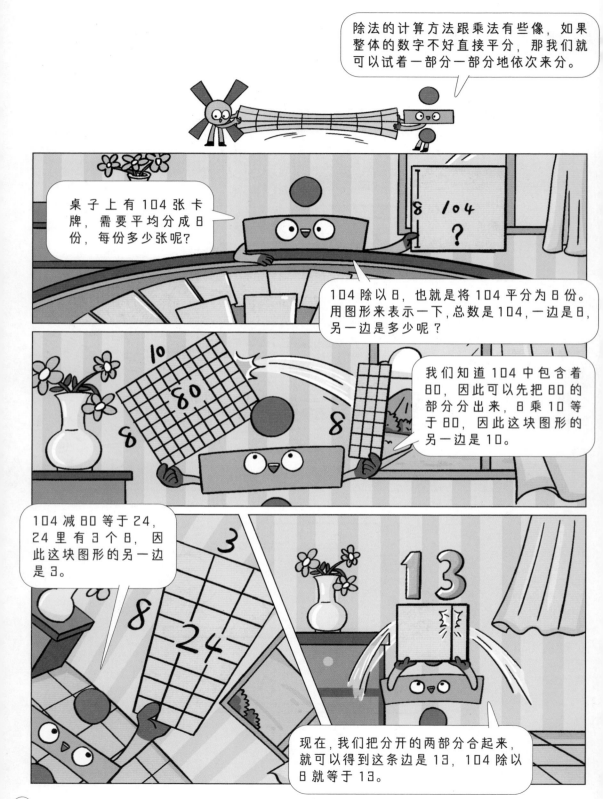

我们也可以把这个过程转化成竖式运算。跟前面的加、减、乘的竖式不太一样，我会变身成一个类似"厂"形的符号将被除数和除数分开，被除数在里面，除数放左边。

百位上的 1 不能整除 8，百位和十位上的 10 除以 8 等于 1 余 2。

十位剩余的 2 和个位的 4 合起来是 24，24 除以 8 等于 3。

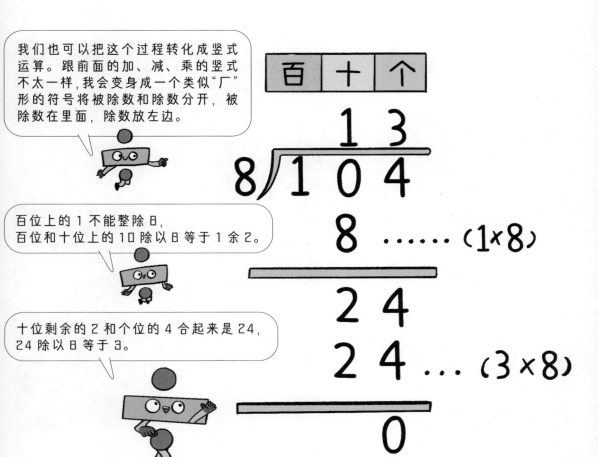

百	十	个

$$8\sqrt{104}$$

13

8 ...... (1×8)

24

24 ... (3×8)

0

因此，经过分步的计算，最后上面的数字 13 就是相除的商。

你来算一算，25 乘以 16 等于多少？92 除以 4 等于多少？

数与形的相遇

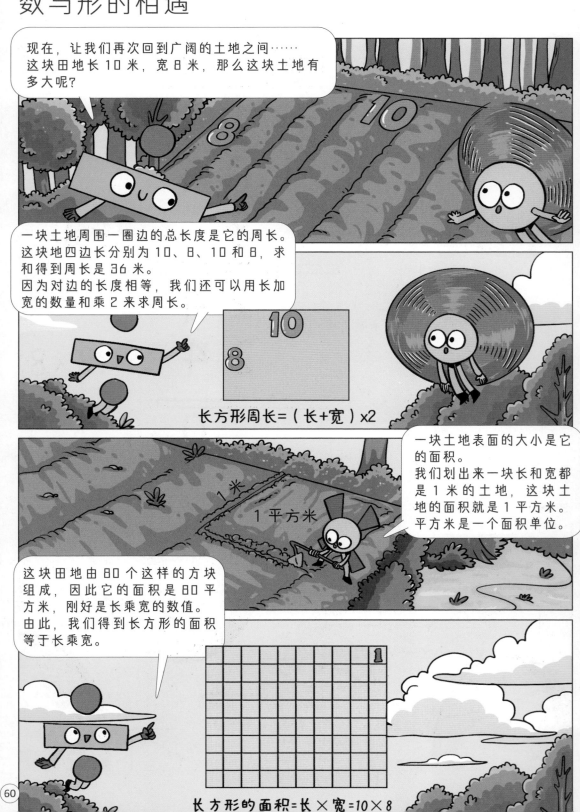

现在，让我们再次回到广阔的土地之间……
这块田地长 10 米，宽 8 米，那么这块土地有多大呢？

一块土地周围一圈边的总长度是它的周长。
这块地四边长分别为 10、8、10 和 8，求和得到周长是 36 米。
因为对边的长度相等，我们还可以用长加宽的数量和乘 2 来求周长。

长方形周长＝（长＋宽）×2

一块土地表面的大小是它的面积。
我们划出来一块长和宽都是 1 米的土地，这块土地的面积就是 1 平方米。
平方米是一个面积单位。

1 平方米

这块田地由 80 个这样的方块组成，因此它的面积是 80 平方米，刚好是长乘宽的数值。
由此，我们得到长方形的面积等于长乘宽。

长方形的面积＝长×宽＝10×8

反过来，知道了长方形的面积和一条边的长度，另一条边的长度就等于面积除以边长。

5米

20平方米

宽＝面积÷长＝20÷5＝4（米）

数形结合

图形中包含着数量，而数量运算也可以用图形来表示，这就是奇妙的"数形结合"，数形结合是一种非常重要的数学方法！

数学真是太奇妙了！除了计算面积和边长，我们在生活中还可以有很多运用……

运算的用武之地

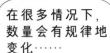
在很多情况下，数量会有规律地变化……

小孩每天上 6 节课，一周 5 天，总共要上多少节课？

爸爸一周工作 5 天，共 45 个小时，平均每天工作几小时？

我们还是用线段将数量关系表示出来。一截线段是一天的数量，五截线段就是五天的总量。已知每份的数量和重复的次数，**求总体的数量，要做乘法。**

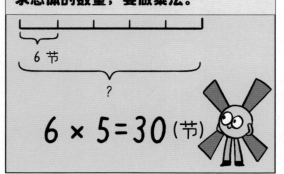

6 节

?

$6 × 5 = 30$（节）

已知总体的数量和分配的份数，**求每份的数量，要做除法。**

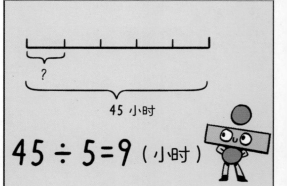

?

45 小时

$45 ÷ 5 = 9$（小时）

在不同数量之间的比较中，除了多和少，还常常会碰到包含倍数的关系。

公园里栽种了各种树木，杨树是柳树的 2 倍，柳树有 24 棵，杨树有多少棵？

公园里还栽种了各种花卉，红色的是黄色的 4 倍，红色的有 100 支，黄色的有多少支？

看起来相似的两句话，实际上呢？
当已知量是倍数和单倍的数量，**求成倍的数量时，需要做乘法。**

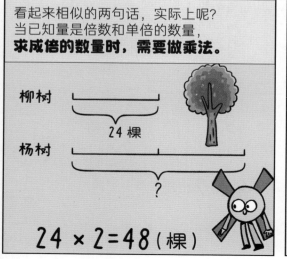

柳树

杨树

24 棵

?

$$24 \times 2 = 48 \text{（棵）}$$

当已知量是倍数和成倍的数量，**求单倍的数量时，则需要做除法。**

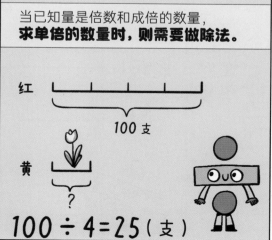

红

黄

100 支

?

$$100 \div 4 = 25 \text{（支）}$$

中国古代的算术也取得了很高的成就，历史上先后出现了多本有影响力的数学著作，被称为"算经十书"。

其中最有名的是《九章算术》，这本书在秦汉年间经过多次修订最终成书，是古人学习数学的教科书，被称为"算经之首"。

《九章算术》分为方田、粟米、衰分、少广、商功、均输、盈不足、方程和勾股共九个章节，其中的数学问题都来源于生活并用文字来描述。

"方田"讲的是田地面积的计算等问题。

"粟米"讲的是各种粮食的比例交换和与拿钱买东西有关的内容。

"均输"讲的是怎么按照人口、路途远近等条件来安排赋税和分派工程等问题。

直到 15 世纪，人们才逐渐开始用简明的符号和算式来表达数学问题，这是一个重大的进步。此后，运算就可以摆脱具体问题而独立存在了，而我们就是从那时陆续出生的。

在运算中，人们不仅引入了运算符号和等号，还引入了字母，作为未知数出现在等式中，这就构成了现代的方程。

敢把未知数写进算式，是因为人们有求出它们的智慧和勇气。

这个加法算式中**有个未知数。**

$$x + 16 = 37$$

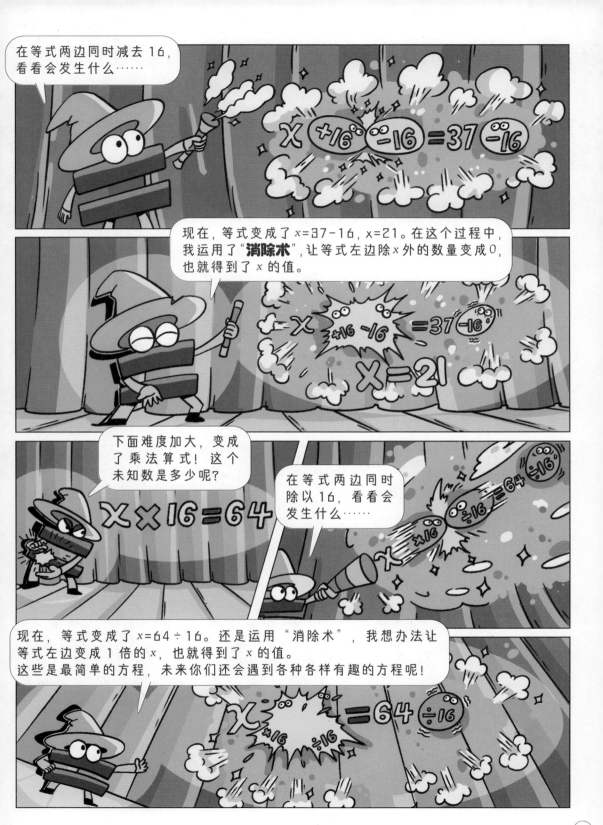

运算可以走多远

还远远没结束呢!

算式和方程都有了,运算的漫漫长路也该……

人们根据运算过程中所应遵循的规律和顺序设计出了相应的解题步骤,这就是算法。

要解决一个问题,常常会有不止一种算法,比如著名的高斯求和公式……

这个我知道!在数学家高斯小时候,老师曾经给他们出了一道题:求出从1开始,1加2加3,一直加到100的结果。

$$1+2+3+4+5+\cdots\cdots+96+97+98+99+100=?$$

原本以为这道题会难住同学们,但没过多久高斯就举手了并说出了正确的答案!

后来，算法的思想被应用到计算机的设计里。

1922年，英国数学家、发明家巴贝奇设计了差分机，这个机器通过齿轮间的啮合、旋转、平移等方式进行数字运算。

让机械工具来代替大脑进行运算，这是因为我将所有的运算过程都转化为了确定的运算程序，在输入运算指令后，机器就可以按照程序来运转了！

在机械计算机之后，聪明的人们又发明了电子计算机，电子计算机采用二进制的数据存储形式和简洁的程序语言。

现在，计算机的运算速度越来越快，可以解决的问题也越来越多，已经成为我们生活中的重要组成部分。

未来，计算机还会变得更高效、更智能，而无论计算机发展成怎样的模样，它背后的原理却一直是清晰简明的数学规则。

这就是运算的力量！

答案页

第23页 看一看，这里面哪个图形是对称的？
请你找出对称图形的所有对称轴。

这些图形中，五角星、
飞机和亭子是对称的，
并且分别有 5 条、1 条
和 1 条对称轴。

第43页 数一数，
这个组合体是由几个正方体组成的呢？

这个组合体
由 8 个正方体组成。

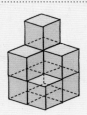

第59页 你来算一算，
25 乘以 16 等于多少？　　92 除以 4 等于多少？

25×16=400　　　　　92÷4=23

第65页 妈妈出门买回苹果和橙子总共 28 个，
其中苹果是橙子的 3 倍，苹果总共有多少个呢？

苹果和橙子的总和是 28，总和对应的倍数是 3 加 1 等于 4。
所以单倍（也就是橙子）的量是 28÷4=7（个）
苹果的量就是 7×3=21（个）

小数点

分数线、百分号

02

概率与统计

在不确定性中寻找规律

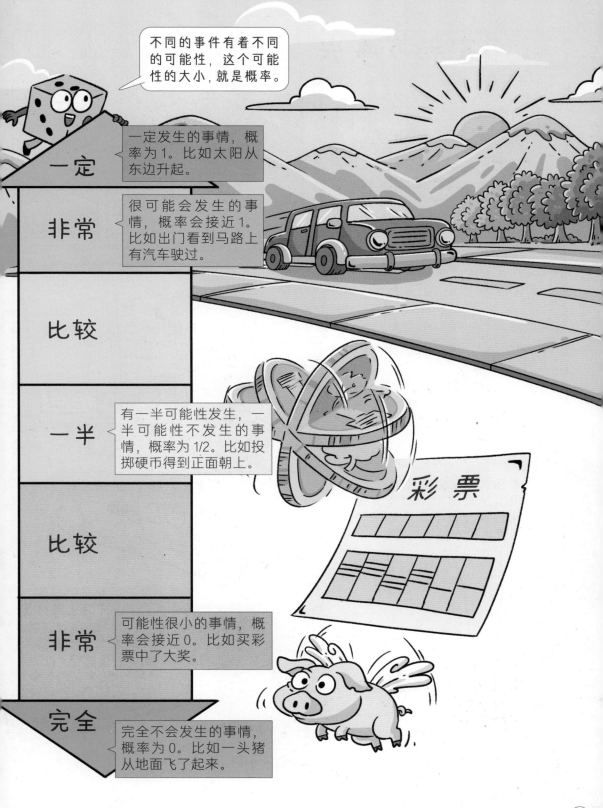

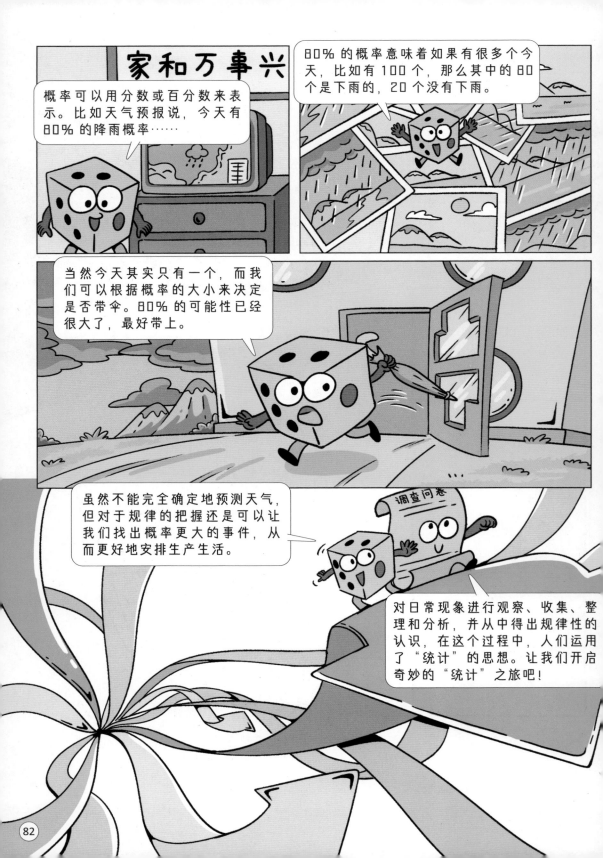

神奇的"数据浓缩术"

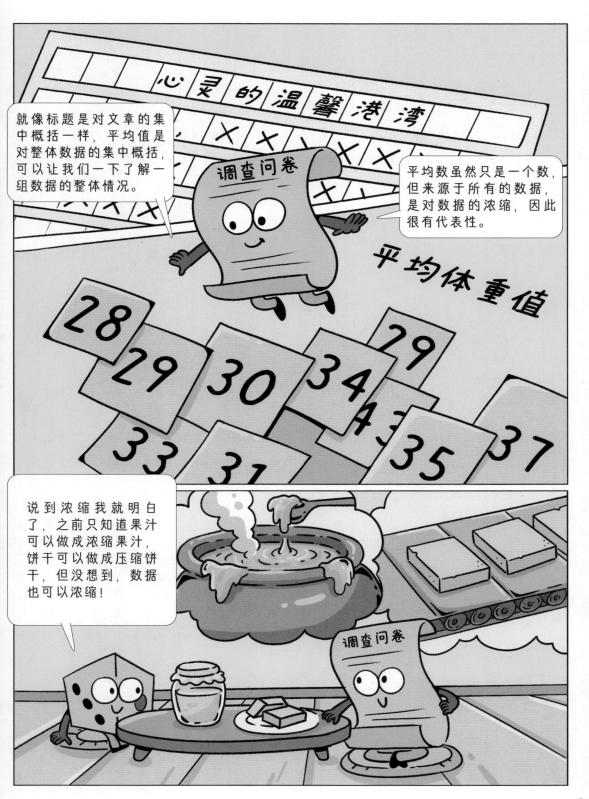

平均数家族

平均数通常可以作为一组数据的代表，但难免也有意外情况。

我们来看看这组数据，这是我统计的一个街道里每户人家养猫的数量……

算出来的平均数是 2.5。

怎么会这样？

2.5

$(0+1+1+2+2+9)÷6=2.5$

因为数据中碰到了一个远大于其他数值的"极端值"！

在做浓缩果汁时，如果碰到一个坏果子，整锅的果汁味道都会受影响。在求平均数时，如果碰上"极端值"，也会对平均数的值带来较大影响。

实际情况是六户人家中只有一户养猫的数量超过了 2.5，其余五家都比 2.5 小，2.5 并不能代表这条街道的养猫情况！

调查问卷

让数据图像化：条形统计图

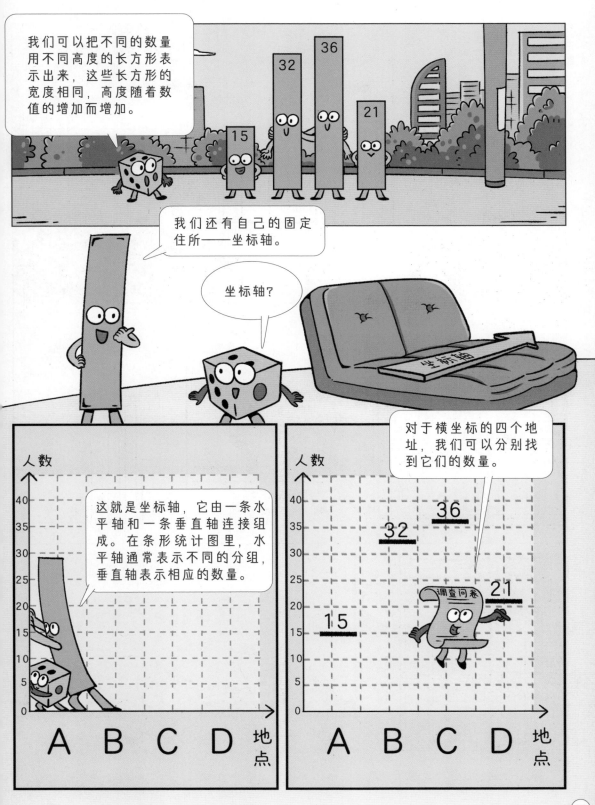

让数据图像化：扇形统计图

除了翻跟头，我没……

你觉得不同的人喜欢看的书有什么特点呢？

小孩喜欢看绘本和漫画，青少年和大人都喜欢看小说，上班的人可能会看些财经和励志图书……

所以，我们可以调查一下经过 C 地附近的……

人群的年龄分布！

这个我刚刚已经统计了，得到的结果是这样的：

事项	儿童	青少年	中年	老年
人数	12	3	15	6

95

每个扇形对应一个群体，每个扇形部分的大小（具体是扇形两边之间夹角的大小）可以体现每个群体人数的多少。

知道了人群的基本构成情况，我们就可以更精确地进行产品定位和选择，而不是仅凭自己的想象来做事。

没错，在实际中我们可以根据需要，选择合适的方式来呈现数据结果。

我发现了，扇形统计图可以表现出部分和整体的占比关系。

让数据图像化：折线统计图

今年有230只白鹭来这里过"暑假"。

鸟儿总是飞来飞去，不会乖乖等你来数，要怎么统计数量啊？

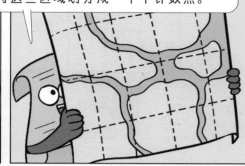

统计动物数量确实是一个有难度的事情。我会先摸清白鹭的栖息地，然后将这些区域划分成一个个计数点。

在计数的时候，要选取固定的时间段。数量少的地方可以一只只数，多的地方可以划分网格来估算数量，估算多次后取平均值。

随着科技的发展，雷达、无人机、卫星跟踪等技术已经应用在候鸟以及其他动物数量的调查研究中，以帮助我们更好地了解身边的动物朋友们。

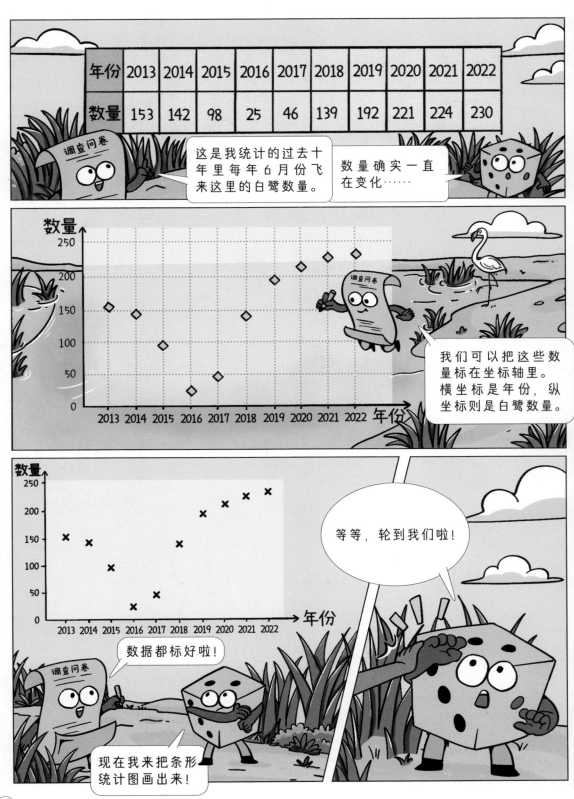

听数据来讲故事

在日常生活中，我们通常会用文字来讲故事，那么，你知道数字也可用来讲故事吗？欢迎来到数字故事会！

每个人都在制造着数据，而现在的各种智能设备可以帮助我们捕捉并记录下这些数据。

平均步数可以反映整体的运动量。

回顾一周里每日步数的条形统计图，可以看到数据的起伏变化，在这些数据的背后，是不同经历的反映。

经营一个家庭需要各种花销，怎么知道钱够不够花呢？这就需要记账，也就是记录下每个月的收入和支出。

1-1 发工资 2000
1-2 购物 300
1-3 买菜 100
1-4 买肉 150
1-5 买米 200

过去记账会用账本。

现在可以用电子设备来记录。

交通 医疗
饮食 购物
收入5000元
支出6000元

看看左边的统计图表，这个月的支出主要用在哪些事项上了呢？

这个月怎么花了这么多，你是不是偷偷用钱了？

这是这个月的花销统计，一目了然，你自己看。

看了这么多统计数据，现在轮到你来大展身手了！学校附近开了两家文具店，为了吸引同学们购买，其中一家决定发放调查问卷来了解同学们的喜好……

你来文具店之前，会想好要买的东西吗？

A. 会，我是奔着想买的东西来的
B. 不会，我是边逛边想自己需要什么的

如果你现在得到了 20 元奖励用来买文具，你打算买什么？

A. 笔记本　　　　B. 转笔刀
C. 彩色橡皮　　　D. 组合贴纸

是否会想好	会	不会
人数	38	62

文具	笔记本	转笔刀	彩色橡皮	组合贴纸
人数	14	35	29	22

我们总共收集到 100 位同学填写的问卷，这是问卷统计的结果。

这些数据分别适合用哪种统计图表来呈现呢？请你选择合适的统计图，将数据更直观地呈现出来。

调查问卷

如果你是这家文具店的老板，接下来你打算怎么安排不同的产品呢？

心系家国的统计

从个人到家庭、公司，统计记录着人们的生活轨迹，记录着社会的运转不息。

不过说到真正的统计专家，这个头衔非政府莫属。统计这个词最早在西方出现时，指的是"国家学"或"国情学"，当时的人们将统计定义为关于国情知识的学问。

早在公元前 789 年，周宣王在战败后为了补充兵力，进行"料民"——人口调查，这是中国最早的人口调查。

从图中可以看到，从周朝到秦汉的人口数量变化很大，东汉后期全国的人口大约是 5000 万人，还不到现在一些单个省份的人口数。

夏禹时期	周成王时期	西汉平帝元始二年	东汉光武帝建武中元二年	东汉桓帝永寿二年
13553923	13714923	59194978	21007820	50066856

人口数

现在，在地方和国家层面，都设有"统计局"，负责对国家的各方面情况进行调查统计。这些统计不仅和政府决策相关，也和你相关。

人口历来都是受关注的统计数据，其中，除了人口总量，人口的自然增长率也非常重要。

自然增长率是一年的人口自然增加数（出生人数减去死亡人数）与同期人口总数的比值。

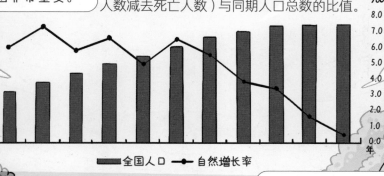

‰
8.0
7.0
6.0
5.0
4.0
3.0
2.0
1.0
0.0
年

142000
140000
138000
136000
134000
132000
130000

■ 全国人口 ── 自然增长率

近些年来，人口的自然增长率严重下降，这就意味着未来的人口总数也可能会下降。

人少了好，吃的、用的东西都没人争抢了。

但也没有足够的人手来生产、制作这些东西了。每个人要照顾更多的老人，要做的事情也会更多！

因此，国家大力鼓励生育，越来越多的家庭有了俩孩和仨孩。

每顿饭，都有美味的食物端到桌上等你享用。全国有 14 亿人口，每天需要多少粮食呢？

全国 14 亿人口，每天要吃掉的粮食数量约是 70 万吨！这就意味着，需要有足够的耕地来生产粮食。

过去一些年，随着经济建设和城镇扩张，统计显示耕地面积出现了连年下降的情况，这是一个危险的信号！

这该怎么办呢？

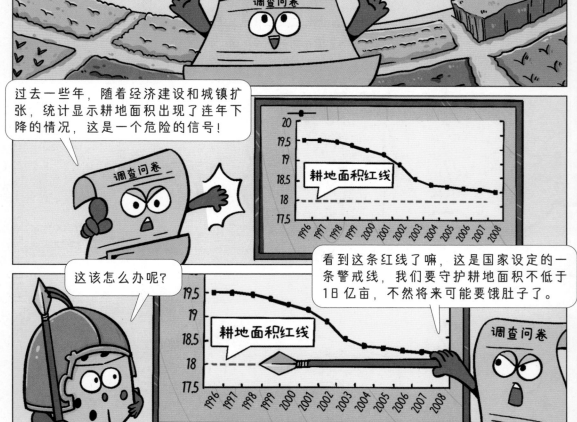

看到这条红线了嘛，这是国家设定的一条警戒线，我们要守护耕地面积不低于 18 亿亩，不然将来可能要饿肚子了。

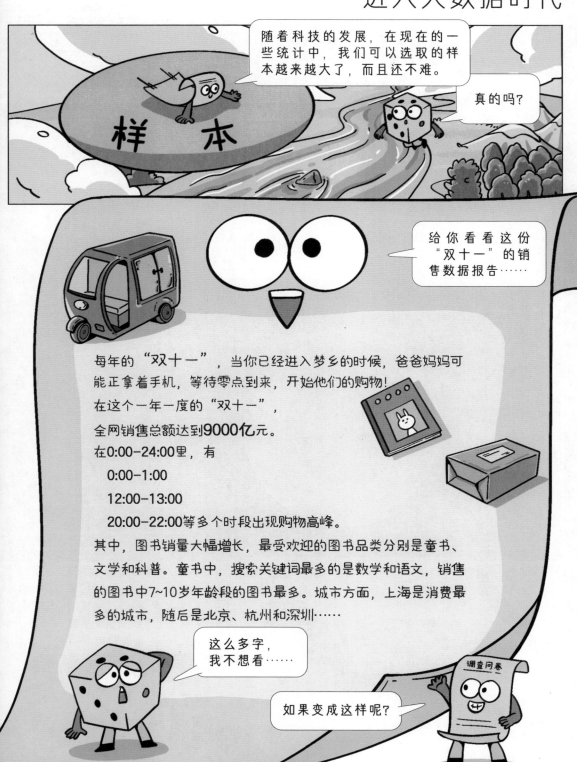

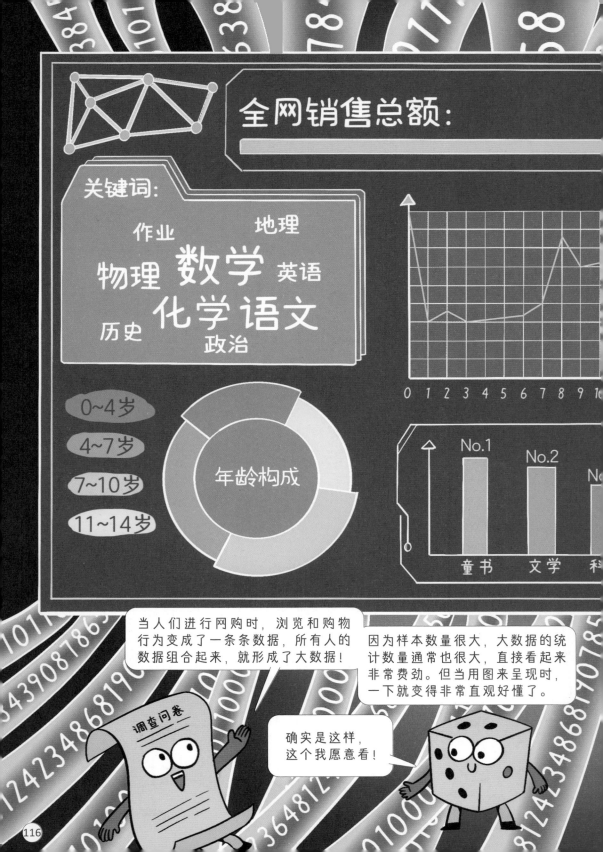

全网销售总额：

关键词：

作业　　地理
物理 数学 英语
历史 化学 语文
政治

0~4岁
4~7岁
7~10岁
11~14岁

年龄构成

0 1 2 3 4 5 6 7 8 9 10

No.1　No.2　No.

童书　文学　科

当人们进行网购时，浏览和购物行为变成了一条条数据，所有人的数据组合起来，就形成了大数据！

因为样本数量很大，大数据的统计数量通常也很大，直接看起来非常费劲。但当用图来呈现时，一下就变得非常直观好懂了。

调查问卷

确实是这样，这个我愿意看！

9000亿元

15 16 17 18 19 20 21 22 23 24

No.5
No.6
生活 艺术

1	上海	6	西安
2	北京	7	广州
3	杭州	8	长沙
4	深圳	9	成都
5	苏州	10	武汉

除了常见的条形统计图、扇形统计图和折线统计图，利用计算机技术，数据可以实现非常多样的表达，这就是数据可视化。

调查问卷

数据可视化

第85页

"你来文具店之前，会想好要买的东西吗？"

这个问题的数据适合用扇形统计图来呈现（也可以用条形统计图）。扇形统计图用扇形大小来表示数量，非常直观。因为各部分都在一个圆中，扇形统计图还可以更好地呈现各部分占总体的多少。

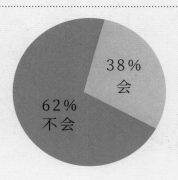

"如果你现在得到了20元奖励用来买文具，你打算买什么？"

这个问题适合用条形统计图来呈现（也可以用扇形统计图）。

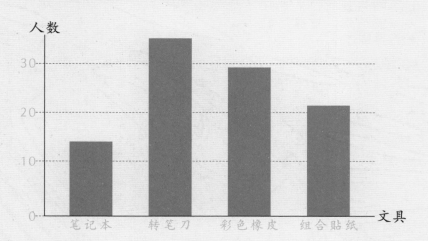

条形统计图用长方形的高度来表示数量，非常清晰直观。根据统计结果，在常用文具的基础上，文具店老板可以增加多功能转笔刀、彩色橡皮等对小学生有吸引力的产品，丰富产品的种类。

03

奇妙的推理

编号511 案情记录

日期：8月13号

地点：星河剧场

事件：灰姑娘演出的重要道具
水晶鞋消失

水晶鞋最后一次出现时间：
开演前道具检查时

发现水晶鞋消失时间：
开演后27分钟，第二幕演出
进行中，准备第三幕演出时

发现人：服装道具管理员

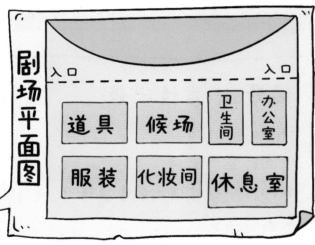

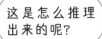

这是怎么推理出来的呢?

我们把四个人的说法总结一下,可以得到这样的四句话。

这四个人中有一个人拿了水晶鞋,为了掩饰,会有一个人说了假话。

王子:水晶鞋不在我这里。
仙女:水晶鞋在舞女那里。
舞女:水晶鞋在管理员那里。
管理员:水晶鞋不在我这里。

如果王子说了假话,是他拿了水晶鞋,那么仙女的话是假的,舞女的话也是假的,管理员的话是真的。有三个人说了假话,这不可能。

王子拿了水晶鞋

王子:水晶鞋不在我这里。✗

仙女:水晶鞋在舞女那里。✗

舞女:水晶鞋在管理员那里。✗

管理员:水晶鞋不在我这里。✔

我们可以依次**假设一下。**

仙女拿了水晶鞋

王子：水晶鞋不在我这里。 ✓

仙女：水晶鞋在舞女那里。 ✗

舞女：水晶鞋在管理员那里。 ✗

管理员：水晶鞋不在我这里。 ✓

如果仙女说了假话，是她拿了水晶鞋，那么王子的话是真的，舞女的话是假的，管理员的话是真的。有两个人说了假话，也不对。

舞女拿了水晶鞋

王子：水晶鞋不在我这里。 ✓

仙女：水晶鞋在舞女那里。 ✓

舞女：水晶鞋在管理员那里。 ✗

管理员：水晶鞋不在我这里。 ✓

如果是舞女说了假话，是她拿走了水晶鞋，那么王子的话是真的，仙女的话是真的，管理员的话也是真的。这合乎逻辑。

管理员拿了水晶鞋

王子：水晶鞋不在我这里。 ✓

仙女：水晶鞋在舞女那里。 ✗

舞女：水晶鞋在管理员那里。 ✓

管理员：水晶鞋不在我这里。 ✗

如果管理员说了假话，是他拿走了水晶鞋，那么王子的话是真的，仙女的话是假的，舞女的话是真的。有两个人说了假话，又是不对的。

这就得出了，只能是舞女说了假话！在碰到既有真又有假的一些说法时，我们可以试着用假设的推理方法，依次试一下各个说法的正确性。

算你聪明。

哈哈哈。

我想想……水晶鞋不在道具室，也不在卫生间。

我再想想……水晶鞋不在道具室，应该在……休息室。

快说吧，你把水晶鞋放到哪里了？

哦，想起来了……水晶鞋不在休息室，还在道具室。

别闹了，到底在哪里？

你们不是擅长推理嘛！我刚刚说的话，每句都有一半为真，一半为假，现在你们知道水晶鞋在哪里了吗？

又是有真有假的说法啊！

调查问卷

那就再试试假设法吧！

水晶鞋不在道具室，水晶鞋不在卫生间。

水晶鞋不在道具室，水晶鞋在休息室。

水晶鞋不在休息室，水晶鞋在道具室。

这是舞女说的三句话。

道具室　　　　　休息室　　　　　卫生间

舞女总共说了三个可能的地方，那我们可以依次假设这三个地方，看看能否符合每句话都半真半假的条件。

水晶鞋在道具室

如果水晶鞋藏在了道具室，那么……

水晶鞋不在道具室 ✕　　水晶鞋不在卫生间 √

水晶鞋不在道具室 ✕　　水晶鞋在休息室 ✕

这里已经不符合半真半假了。

一封来自神秘人的信

亲爱的陌生人：

恭喜你！这封只有 0.01% 的概率会被人发现的信被你发现了，这是比中奖还难的事情啊！

由此，你将会走进一个神秘的世界，并将看到一些有趣的内容。不过，这也将会是一个充满挑战的旅程，你愿意尝试吗？

来自：神秘人

卡片上不就是随便画了几种动物嘛!

卡片会不会和地图有什么关联呢?

动物园? 可是这里没有动物园啊?

哪里有这些动物的雕像呢?

有两种羊, 还有骆驼是指草地吗? 可熊又指什么呢?

当推理的方向不明朗时, 可以发散思维, 猜想各种不同的可能性。

可是究竟是怎么回事呢?

那个建筑啊……在我出生的时候就有了……

当时里面有人吗？

空着，好像没什么人……

确定吗？再想想呢？

小时候我们常常去那里玩，这算吗？

那你有没有看到有人专门来看这个建筑，画画写字之类的？

嗯……有段时间……有个人常常来这里写生画画，有时画太久天黑了，会住在那里。他还会给我们画像呢！

哦，对了，里面有个破箱子是他留下的，现在可能还在里面。

你拍下了什么？给我看看！

密码有 5 位，由 1、2、3、4、5 组成。

1 并不是第一位数。
2 不是第一也不是最后一位数。
3 跟在 1 后面。
4 不是第二位数。
5 跟在 4 后面。

嗯，这次的每句话都是对的，但又都是不完整的，有点像拼图……

这次的问题有点不一样。

	第一位	第二位	第三位	第四位	第五位
1					
2					
3					
4					
5					

我们画个表格来看看吧。竖着写 1、2、3、4、5 这五个数字，横着写它们可能的位置。

	第一位	第二位	第三位	第四位	第五位
1	✕				
2					
3					
4					
5					

1 并不是第一位数，所以可以在 1 对应第一位的空格里画上叉号。

	第一位	第二位	第三位	第四位	第五位
1	×				
2	×				×
3					
4					
5					

2不是第一也不是最后一位数，所以可以在2对应第一位和第五位的空格里画上叉号。

	第一位	第二位	第三位	第四位	第五位
1	×				
2	×				×
3	×				
4					
5					

3跟在1后面，所以说3不可能在第一位。

再考虑到1不是第一位数，最靠前只能在第二位，所以3也不可能在第二位了。

	第一位	第二位	第三位	第四位	第五位
1	×				
2	×				×
3	×	×			
4		×			
5					

4不是第二位数，所以可以在4对应第二位的空格里画上叉号。

	第一位	第二位	第三位	第四位	第五位
1	×				
2	×				×
3	×	×			
4		×			
5	×				

5跟在4后面，所以5不可能在第一位。

看表格，1、2、3和5都不在第一位，那么只能是4在第一位了！

作者团队

米莱童书 | M 米莱童书

米莱童书是由国内多位资深童书编辑、插画家组成的原创童书研发平台。旗下作品曾获得 2019 年度"中国好书"，2019、2020 年度"桂冠童书"等荣誉；创作内容多次入选"原动力"中国原创动漫出版扶持计划。作为中国新闻出版业科技与标准重点实验室（跨领域综合方向）授牌的中国青少年科普内容研发与推广基地，米莱童书一贯致力于对传统童书进行内容与形式的升级迭代，开发一流原创童书作品，适应当代中国家庭更高的阅读与学习需求。

策 划 人： 刘润东　　张秀婷

原创编辑： 窦文菲

知识脚本作者： 于利 北京市海淀区北京理工大学附属小学数学老师，34 年小学数学教学经验，海淀区优秀"四有"教师。

漫画绘制： Studio Yufo

专业审稿： 苑青 北京市西城区育才小学数学老师，32 年小学数学教学经验，多次被评为教育系统优秀教师。

装帧设计： 张立佳　　刘雅宁　　刘浩男　　马司雯　　汪芝灵

封面插画： 孙愚火

图书在版编目（CIP）数据

数学思维有诀窍 / 米莱童书著绘. -- 北京 : 北京
理工大学出版社, 2024.4（2024.7 重印）
　（启航吧知识号）
　ISBN 978-7-5763-3427-2

　Ⅰ. ①数… Ⅱ. ①米… Ⅲ. ①数学—少儿读物 Ⅳ.
①O1-49

中国国家版本馆CIP数据核字(2024)第012031号

出版发行 / 北京理工大学出版社有限责任公司
社　　址 / 北京市丰台区四合庄路 6 号
邮　　编 / 100070
电　　话 /（010）82563891（童书售后服务热线）
网　　址 / http://www.bitpress.com.cn
经　　销 / 全国各地新华书店
印　　刷 / 雅迪云印（天津）科技有限公司
开　　本 / 710毫米×1000毫米　1 / 16
印　　张 / 10　　　　　　　　　　　　　责任编辑 / 李慧智
字　　数 / 250千字　　　　　　　　　　 文案编辑 / 李慧智
版　　次 / 2024年4月第1版　2024年7月第2次印刷　　　责任校对 / 王雅静
定　　价 / 38.00元　　　　　　　　　　　责任印制 / 王美丽

图书出现印装质量问题，请拨打售后服务热线，本社负责调换